U0311259

太空之旅丛书

宇 宙

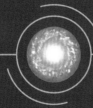

［美］凯利·杜德娜（Kelly Doudna）　著

郝景萌　刘怡　译

SPM
南方出版传媒
全国优秀出版社
全国百佳图书出版单位　广东教育出版社
·广　州·

本系列书经由美国Abdo Publishing Group授权广东教育出版社有限公司仅在中国内地出版发行。

广东省版权局著作权合同登记号

图字：19-2017-089号

图书在版编目（CIP）数据

宇宙 / （美）凯利·杜德娜（Kelly Doudna）著；郝景萌，刘怡
译. —广州：广东教育出版社，2019.6
（太空之旅丛书）
书名原文：Universe
ISBN 978-7-5548-2211-1

Ⅰ. ①宇… Ⅱ. ①凯… ②郝… ③刘… Ⅲ. ①宇宙—少儿
读物 Ⅳ. ①P159-49

中国版本图书馆CIP数据核字（2018）第048208号

责任编辑：林玉洁　杨利强　罗　华
责任技编：涂晓东
装帧设计：邓君豪

宇宙
YUZHOU

广东教育出版社出版发行
（广州市环市东路472号12-15楼）
邮政编码：510075
网址：http://www.gjs.cn
广东新华发行集团股份有限公司经销
恒美印务（广州）有限公司印刷
（广州市南沙经济技术开发区环市大道南路334号）
890毫米×1240毫米　24开本　1印张　20 000字
2019年6月第1版　2019年6月第1次印刷
ISBN 978-7-5548-2211-1
定价：29.80元
质量监督电话：020-87613102　邮箱：gjs-quality@nfcb.com.cn
购书咨询电话：020-87615809

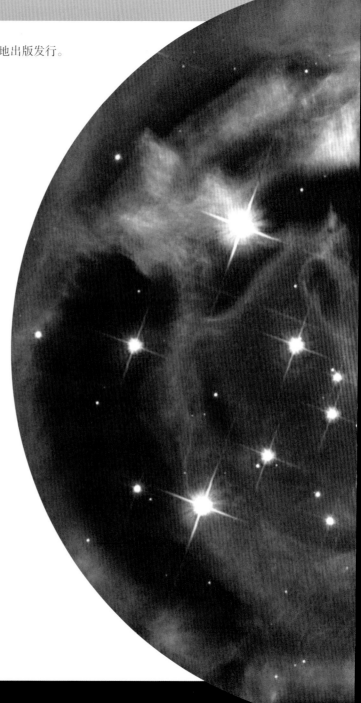

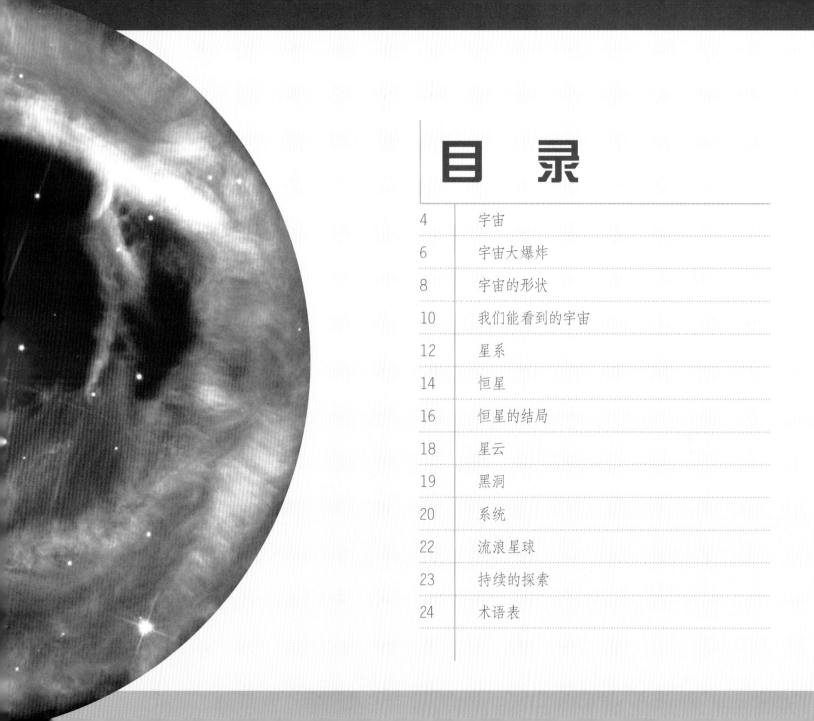

目　录

宇宙

我们现在能看到的

　　在宇宙中，我们可以看到很多东西，如行星、恒星、星系等，但这些都只是宇宙的一小部分。

我们现在看不到的

　　在宇宙中，还有许多我们无法看到的东西。例如，宇宙中蕴藏着大量的暗物质和暗能量。

宇宙是上下四方与古往今来的一切事物的总和。

在黑暗中

在宇宙中，我们所看到的每个事物，其背后其实都隐藏着19个我们看不到的事物。

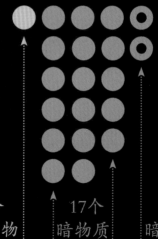

1个
可见物

17个
暗物质

2个
暗能量

宇宙大爆炸

　　宇宙曾经很小很密，甚至比针尖还要小得多。在某一刻，整个宇宙开始膨胀，犹如发生了大爆炸。

　　这个爆炸就是天文学上的"宇宙大爆炸"。突然之间，也就是在一秒钟内，宇宙膨胀到比一个星系还要大。

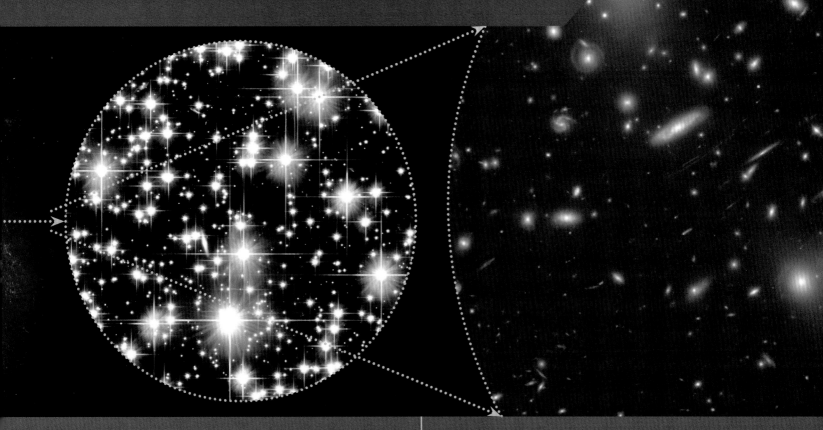

宇宙起源于大爆炸。

宇宙在不断地膨胀。
在大爆炸发生约1亿年后,
恒星形成了。

宇宙大约形成于140
亿年前,此后它一直在
膨胀。

宇宙的形状

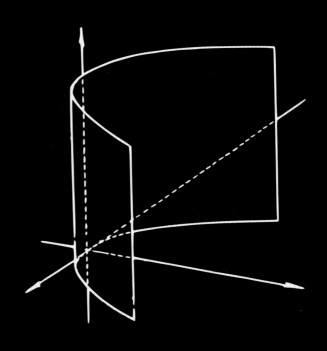

平直的

　　有的科学家认为，宇宙可能是平直的。

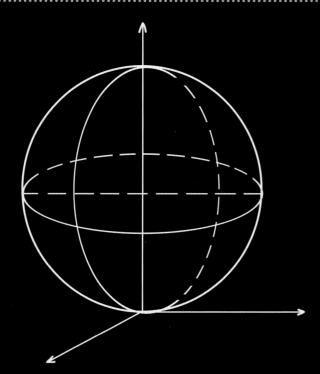

球形的

　　有的科学家认为，宇宙可能是球形的。

目前，科学家们对宇宙的形状还无法给出明确的结论。他们也不清楚宇宙是否有边界，到底有限还是无限。但关于宇宙可能的形状，他们倒是有一些想法。

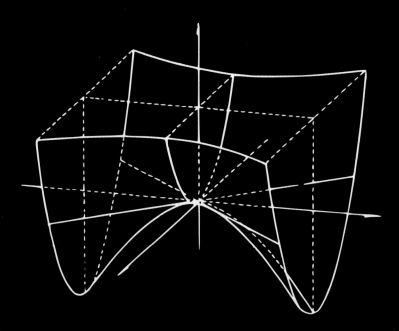

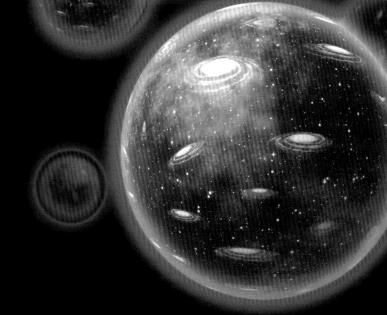

双曲面的

有的科学家认为，宇宙的形状是像双曲面那样弯曲的，就像一个马鞍。

多重宇宙

"多重"意味着很多。有科学家认为，除了我们所在的宇宙，还同时存在着多个不同的宇宙。

我们能看到的宇宙

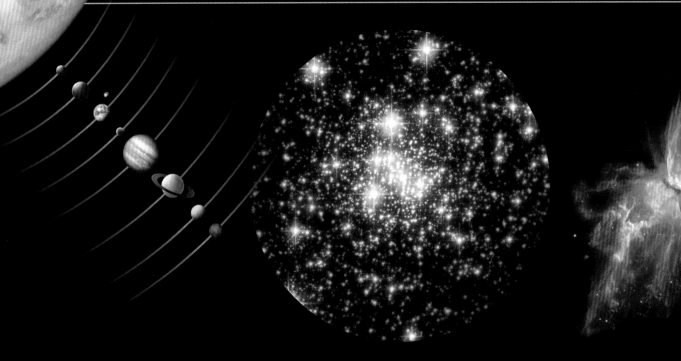

太阳系

地球是太阳系的一部分。太阳是太阳系的中心。太阳系中的一切天体都在围绕太阳运行。

恒星

宇宙中的恒星多得数不清。

星云

星云是由气体和尘埃组成的云雾状天体。

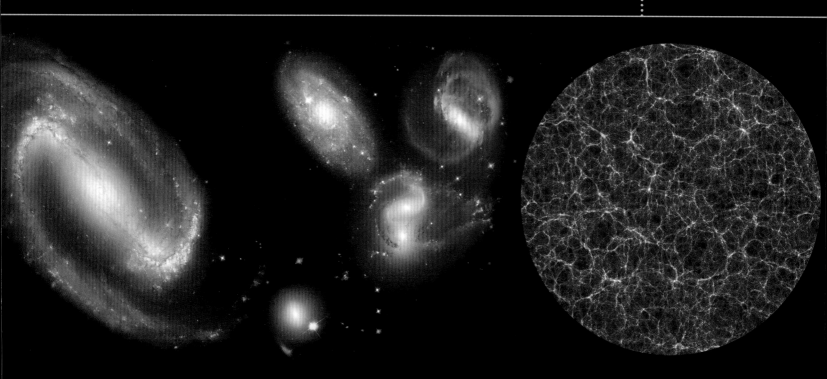

星系

　　一个恒星集团组成了一个星系。一个星系拥有数十亿颗恒星。

星系团

　　多个星系组成了星系群，而多个星系群又组成了星系团。若干个星系团聚集在一起又构成了超星系团。

宇宙网

　　众多星系群、星系团汇聚在一起，形成了线形或墙形的结构，使宇宙看起来就像一个网状物，因此被称为"宇宙网"。

星　系

球状星团与矮星系

　　球状星团和矮星系都属于较小的星系。一个矮星系有几百万颗恒星。

椭圆星系

　　椭圆星系外形呈正圆形或椭圆形。其中有些星系的形状像一个球，而有些则像一粒糖豆。

星系真相

　　年轻的恒星位于星系的边缘，而年老的恒星则更靠近星系的中心。

宇宙中有许多星系。这些星系形状和大小各不相同。

旋涡星系

旋涡星系有多条旋臂，它的形状很像一个大旋涡。

不规则星系

不规则星系的形状不一，既不呈椭圆状，也不呈旋涡状。

银河系

地球属于银河系。银河系是一个旋涡星系。

恒　　星

恒星的形成

恒星诞生于由尘埃和气体凝聚成团而形成的星云之中。恒星是由星云经过引力收缩而形成的。

恒星的早期

恒星中心的核聚变反应开始了，大量气体被燃烧。恒星开始发光。越小的恒星寿命越长，而越大的恒星寿命越短。

太阳

太阳是一颗普通大小的恒星，大约诞生在40多亿年前。科学家预测，太阳的寿命大约是100亿年。

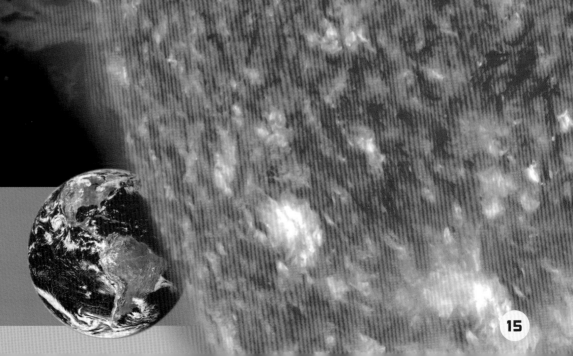

一颗恒星可以存活上万亿年，之后将进入消亡期。

恒星的晚期

当气体燃烧殆尽后，恒星就会逐渐冷却下来。而随着恒星温度逐渐降低，其体积会变得越来越大，颜色也会越来越红。一颗普通的恒星会演化为红巨星，而一颗大质量的恒星则会演化为红超巨星。

太大了！

太阳最终会变成一颗红巨星。到那时，它会增大到直接接触地球表面。

恒星的结局

白矮星

星云 ....

每颗恒星的结局都不一样。恒星的大小会影响恒星消亡的方式。

红巨星

　　一颗普通大小的恒星晚期会演化为一颗红巨星。恒星变成红巨星后，会失去其气体外层。最终气体外层变为星云，而星云的中心就是原来的星核，此时它已成为一颗白矮星。这也是太阳几十亿年后将面临的命运。

超新星

超巨星
超新星

巨大的恒星发出"砰"的一声后，变成了一颗红超巨星。而后，红超巨星也迅速坍缩，发生了大爆炸。这次大爆炸产生了超新星。

中子星

有些恒星的中心坍缩后，会形成一颗中子星。中子星的体积非常小。

黑洞

有时，恒星的中心会坍缩得更剧烈，最终会形成一个黑洞。

星 云

星云是由尘埃和气体组成的云雾状天体，其构成方式多种多样。

恒星之间

位于恒星之间的尘埃和气体组成了星云。

恒星坍缩

当红巨星坍缩时，星云就会形成。这种星云不会很亮。

残存的超新星

超新星爆炸会在宇宙中产生大量尘埃和气体。这些尘埃和气体逐渐就变成了星云。而新恒星正是由这种星云产生的。

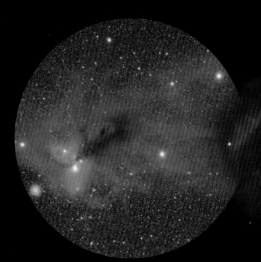

星际介质

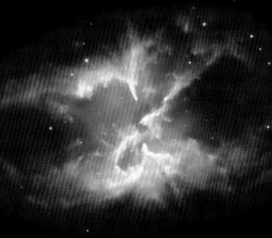

行星状星云

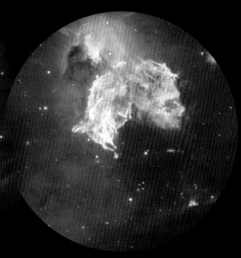

超新星遗迹

黑　洞

红巨星 ┈┈┈┈┈┈┈➤

黑洞

黑洞的真相

许多星系的中心都有一个黑洞。

巨大的恒星坍缩后，所有的物质都被压缩进了一个很小的空间。这个空间的引力无比强大，没有什么可以逃脱，甚至连光都无法逃逸。这个空间被称为黑洞。

系统

恒星系统

　　两颗或两颗以上的恒星相互环绕，就构成了一个恒星系统。由两颗恒星组成的系统叫双星系统。由三颗恒星组成的系统就叫三合星系统。

宇宙间的天体可以相互环绕。这样的一组天体就形成了一个天体系统。

行星系统

一些天体围绕着一颗恒星运转，这样形成的系统叫行星系统。地球所在的太阳系就是一个行星系统。在太阳系中，行星都围绕太阳运行。

流 浪 星 球

星系碰撞

流浪行星

　　流浪行星是指不绕任何恒星公转，而只围绕星系公转的行星。

流浪恒星

　　流浪恒星位于星系之外，不属于星系的一部分。它们是星系碰撞的产物。星系间的相互碰撞，使得这些恒星被抛到了星系之外，成为流浪恒星。

持续的探索

宇宙间有太多的秘密。科学家们致力于揭示宇宙的奥秘。他们每天都有新的发现！

宇宙知识小测试

1.　宇宙中有很多我们无法看到的事物，对吗？

2.　银河系的形状像什么？

3.　由两颗恒星组成的系统被称为什么？

想一想：

你认为，宇宙中会有哪些新事物被科学家发现？

答案：1. 对。 2. 旋涡。 3. 双星或双星系统。

术　语　表

暗物质：由天文观测推断存在于宇宙中的不发光物质，由不发光天体，以及某些非重子中性粒子等组成。

暗能量：科学家推测的驱动宇宙运动的一种能量。它不会吸收、反射或辐射光。目前，人类无法直接使用现有的技术进行观测。

坍缩：物质因引力作用收缩而挤压在一起。

大爆炸宇宙论：现代宇宙学中影响最大的一种学说。由美国科学家伽莫夫等人于20世纪40年代提出，认为宇宙曾经历一次大规模爆炸，宇宙体系不断膨胀，物质从热到冷、从密到稀地演化。

白矮星：一类光度低、密度大、温度高的恒星，因其颜色呈白色，体积又比矮星小，故名。白矮星体积与行星相近，但密度却比水大3万倍至千万倍，内部的压力非常高。目前，人类已经发现了1000多颗白矮星。